App 下载及使用说明

1. 扫描下方二维码，关注"艾布克星球"公众号，选择"App 下载"。

2. 首次安装或使用 App 时，如果设备提示"是否允许该软件获取摄像头权限"等各类信任权限时，请点击"允许"，以保证软件的正常使用。

3. 软件使用中请将镜头对准带有 标识的页面，使整张页面完整呈现在扫描界面内，即可出现立体效果。

4. 本软件不宜在昏暗的环境中使用，同时也应注意防止所扫描的书面被强光照射导致反光，否则可能影响扫描效果。

5. 本软件支持安卓和苹果大部分设备，运行内存（RAM）容量不低于 2GB。若因安卓和苹果系统版本过高造成 App 暂时无法使用，请更换低版本系统的设备使用。

6. App 如果无法使用，大部分原因是没有获得相应的权限，请在系统设置中为 App 勾选相应权限；如果勾选后仍无法使用，建议更换其他类型设备尝试。

7. 在使用过程中，如您有任何问题、意见或建议，可在"艾布克星球"公众号留言，我们将及时与您联系。

上天入地的机器人艾布克,和你一起穿越时空去进行科学探险。在旅程中,你可以压缩宇宙,让八大行星在手心运转;你可以回到侏罗纪,为暴龙和三角龙的对决加油助威;你可以站上航母,控制战斗机滑跃升空;你可以飞跃火山,近距离感受岩浆喷射的灼热震撼……不一样的科学体验,让科普知识跳出平面,让你欢乐畅游科学世界。

科学专家顾问团队

（按姓氏笔画多少排列）

王红飞 中国科学院空间应用工程与技术中心研究员、载人航天工程空间应用系统主任设计师

邢立达 青年古生物学者、中国地质大学（北京）副教授、博士生导师

刘　晔 中国科学院动物研究所研究员、国家动物博物馆昆虫区策划人及负责人

刘博洋 西澳大学国际射电天文研究中心在读博士、"青年天文教师连线"公益组织创始人

李　亮 中国科学院自然科学史研究所研究员、科普作家

李湘涛 北京自然博物馆研究员

张　鹏 青少年博物馆教育推广人、"耳朵里的博物馆"创始人

郝石佩 北京市海淀区中关村第二小学科学教师、北京市骨干教师、海淀区学科带头人

黄学爵 中国人民解放军军事科学院研究员

屠　强 海岸带综合管理专业博士、中国海洋学会科普工作委员会委员、科普作家

TANSUO RENLEI DE WEIDA FAMING

探索人类的伟大发明

炫睛科技　著

李　亮　审订

探索专家，即刻出发！

接力出版社
Publishing House

目　录

出发啦!

看我的发明!

$E=mc^2$

① 探索专家，即刻出发

我是探索专家艾布克。最近，我在潜心研究造纸术、汽车、互联网等。科技发明很伟大，能够让人们的生活更舒适便捷。蒸汽机的广泛使用让人类进入了蒸汽时代，互联网的出现让世界成为"地球村"……

别看我只是一摞书，我可是会"七十二变"哟！你如果不相信，现在就拿起电子设备扫描右侧页面，看我是如何"七十二变"的吧！

你现在看到的，就是我关于探索发明的过程。还在好奇伟大的发明都有哪些吗？还在查找科技发明的原理吗？跟随我的脚步，一起走进发明的世界吧！

带我去发现吧！

我也要当发明家！

② 造纸术

造纸术是中国古代四大发明之一，这项发明不仅让人们的书写和阅读更加方便，而且促进了人类文化的传播。

西汉时期，我国已经制造出了麻质纤维纸。东汉时期，人们改进了造纸工艺流程，使造纸技术有了很大提高。唐朝时以竹子为原料制出了竹纸，标志着造纸术取得了重大突破。

蔡伦（约 62 — 121）：东汉时期人，被封为龙亭侯。他最大的贡献是改良了造纸技术，使纸张成为主要的书写材料。

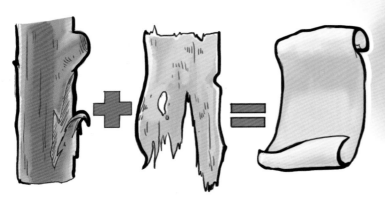

蔡伦

蔡伦把造纸原料改为树皮、破布等。这些原料既便宜又容易找到，制成的纸结实耐用，方便书写和携带。这样的纸被称为"蔡侯纸"。此后，纸才被普遍使用。

你想知道古代的"蔡侯纸"是怎么制造出来的吗？赶紧拿起电子设备扫描右侧页面，你马上就能知道答案。

③ 印刷术

印刷术是中国古代四大发明之一。有了印刷术后，书籍才得以大量印刷，这对人类文化的传播产生了重大影响。

唐朝时，人们从印章中得到启发，发明了雕版印刷术。北宋时，毕昇发明了胶泥活字印刷术。元代，王祯制出木活字，发明了转轮排字架。后来又出现了铜活字、铅活字等，提高了书籍印刷的效率。

现在就省事多啦！

转轮排字架

毕昇

毕昇（？—约1051）：北宋发明家。他发明的活字印刷术比德国的活字排印法早400多年，被北宋科学家沈括记入《梦溪笔谈》。

活字印刷术是提前制出单个活字，把活字排列在字盘内，这样就节省了刻版时间。活字能反复使用，比雕版印刷更方便。这是印刷史上一次伟大的技术革命。

你想了解毕昇活字印刷术的印刷过程吗？赶紧拿起电子设备扫描右侧页面，你马上就能知道答案。

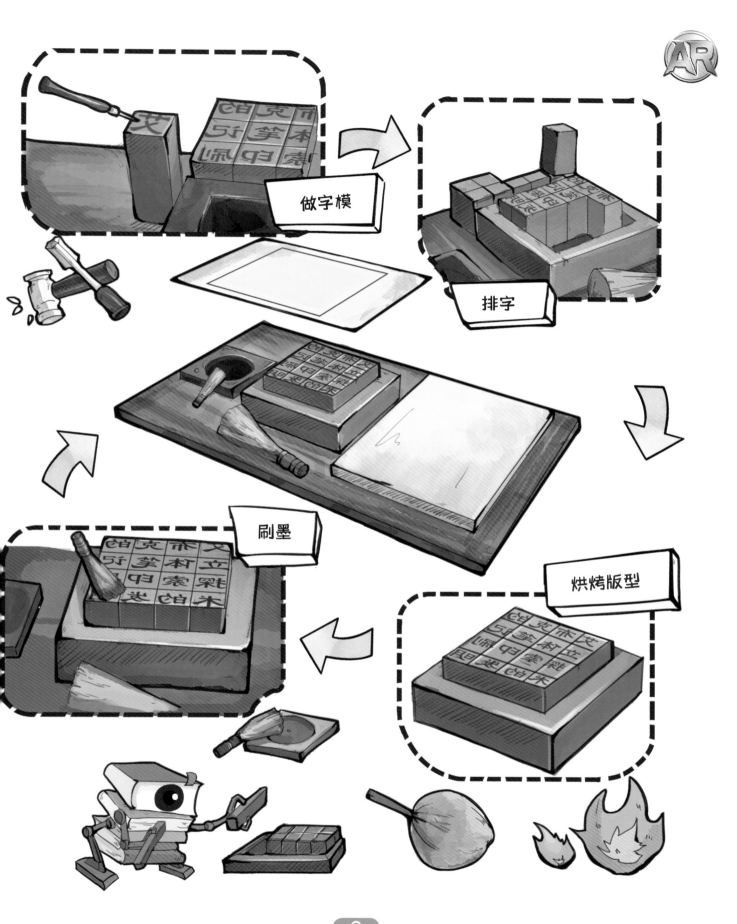

做字模

排字

刷墨

烘烤版型

④ 指南针

指南针是中国古代四大发明之一，它对人类科学技术和文明的发展，起到了不可估量的作用。

司南是中国古人用来辨别方向的一种仪器。把天然磁铁矿石琢成勺形，放在光滑的盘上，盘上刻着方位，勺柄始终指向南方。司南是现代使用的指南针的始祖。指南针改变了人们靠自然现象来判断方向的历史，同时也改写了人类的航海史。

我可以转哟！

这是我们的发明。

哇！很厉害！

北宋时期，中国船舶使用指南针导航，开创了航海的新时代。后来，指南针传入欧洲，被称为"水手之友"。欧洲航海家用指南针得以环球航行，开辟了新航路，推动了人类历史的发展。

指南针在铁制的物体附近或者内部便会失效，比如在坦克里面，在铁质船里面，指南针就无法准确地指示南北了。

你想知道指南针经历了怎样的历史演变吗？赶紧拿起电子设备扫描右侧页面，你马上就能知道答案。

⑤ 火药

火药是中国古代四大发明之一。它的出现是古代道士长期炼丹的结果。火药的发明，具有一定的偶然性。

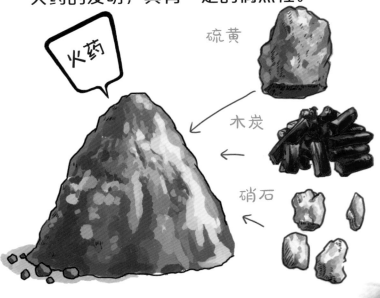

火药的成分主要是硫黄、硝石和木炭。明朝末年，随着葡萄牙人带来的火枪，正确配比的黑火药配方传入中国，但火药和火器最早出现在中国，后来经由阿拉伯人传入欧洲。

唐朝末年，火药开始应用于军事。北宋时期出现了世界上最早的火器——火箭。南宋时期，出现了最早的管形火器——突火枪。到了元代，出现了火铳。

突火枪

火铳

火药的使用，改变了作战的方式，对历史发展起了一定作用。但火药的杀伤力巨大，会造成无辜生命的伤亡。到了近现代，由火药发展而来的黄色炸药大规模应用在开采矿产上，推动了工业的发展。

你想知道古代的火炮是怎样发射的吗？赶紧拿起电子设备扫描右侧页面，你马上就能知道答案。

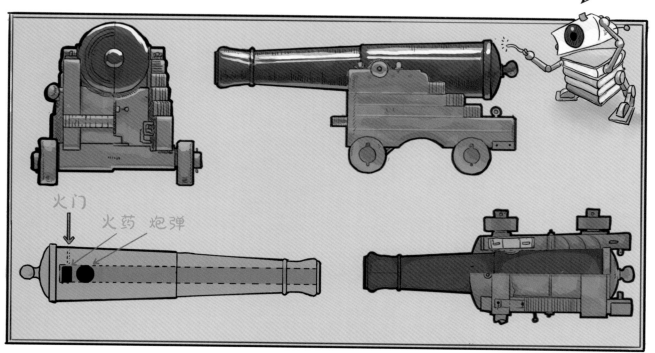

6 蒸汽机

蒸汽机是一种将蒸汽的能量转换为动力的机械。它极大地提高了社会生产力水平，使人类进入"蒸汽时代"。

最初的工业蒸汽机是真空蒸汽机，是由英国人萨维利和纽科门各自独立发明的。它主要用来抽取矿井里的积水，但效率很低。瓦特改良后，蒸汽机的工作效率大大提高了。

呼
呼
呼!

萨维利蒸汽泵

詹姆斯·瓦特（1736 — 1819）：英国发明家和机械工程师。人们后来用他的名字作为功率单位，符号是"W"。

詹姆斯·瓦特

功率的单位是瓦特。

瓦特改良后的蒸汽机，带有冷凝器。这种高效率的蒸汽机很快广泛应用在工业上，开辟了人类利用能源的新时代，引起了欧洲的技术革命，工业革命得以更快地向纵深发展。

你想知道瓦特改良后的蒸汽机的工作过程吗？赶紧拿起电子设备扫描右侧页面，你马上就能知道答案。

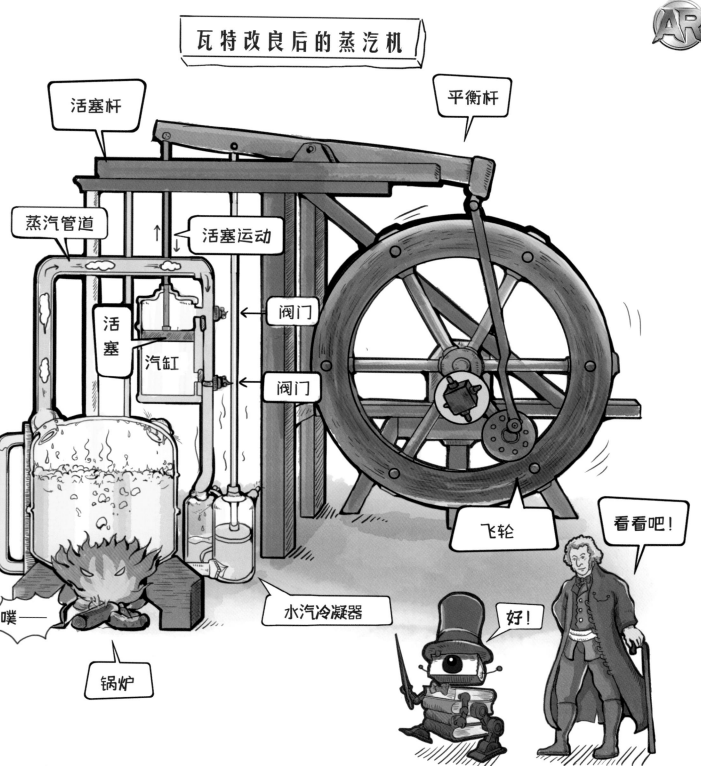

工作原理：

　　蒸汽锅炉中的水沸腾变为蒸汽后，通过管道运送至汽缸内。受阀门控制，交替进入汽缸的上侧或下侧，推动活塞运动。活塞运动可以带动与它相连的飞轮转动，从而产生动力。

⑦ 内燃机

内燃机是一种动力机械，它能将燃料燃烧所释放的热能转化为机械能。这项发明使人类的许多梦想得以实现。

汽车发动机

内燃机与蒸汽机相比，具有体积小、质量小、便于移动、热效率高和起动性能好等优点。现代汽车所使用的，就是这种活塞往复式四冲程内燃机。

尼古拉斯·奥古斯特·奥托

四冲程循环是内燃机工作循环的一种。奥托利用四冲程循环原理发明了发动机，这种发动机具有很多优良性能，它被称为奥托循环发动机。

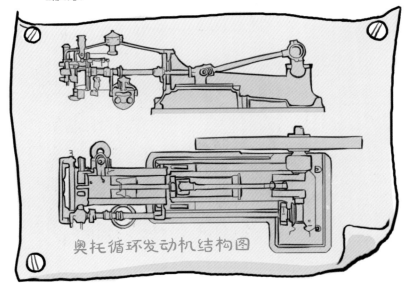

奥托循环发动机结构图

尼古拉斯·奥古斯特·奥托（1832—1891）：德国近代著名机械工程师，四冲程内燃机的发明者和推广者。

你想知道现代汽车所用的内燃机的工作原理吗？赶紧拿起电子设备扫描右侧页面，你马上就能知道答案。

16

V6活塞往复式内燃机

内燃机的工作原理:

内燃机的一个工作循环由进气、压缩、做功和排气四个冲程构成。

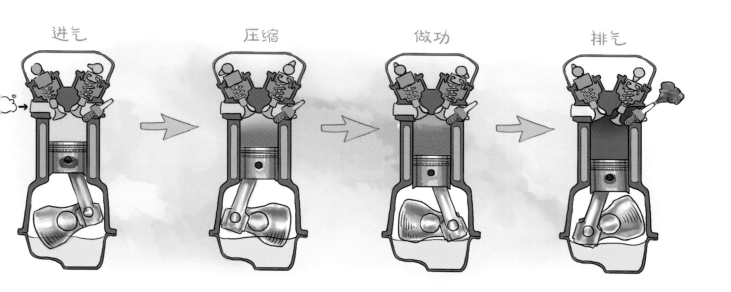

⑧ 汽车

汽车的诞生，改变了人类传统的出行方式，不仅使人类的出行变得更便捷，而且缩短了交通运输的时间。

1885 年，卡尔·本茨将发动机安装在三轮车架上，发明了第一辆不用马拉的三轮车，命名为"奔驰一号"。1886 年 1 月 29 日这辆车获得专利。因此，1 月 29 日被认为是世界汽车诞生日。

卡尔·本茨

"奔驰一号"汽车的车架由钢管和木板构成，车架上安装了一台发动机，通过转动式手柄控制方向，它只有三个车轮，车轮采用的是钢质辐条轮圈和实心橡胶轮胎。

卡尔·本茨（1844 — 1929）：德国人。他被称为"汽车之父"，是德国奔驰汽车公司的创始人之一。

你想不想看看"奔驰一号"汽车是什么样子的？赶紧拿起电子设备扫描右侧页面，你马上就能看到。

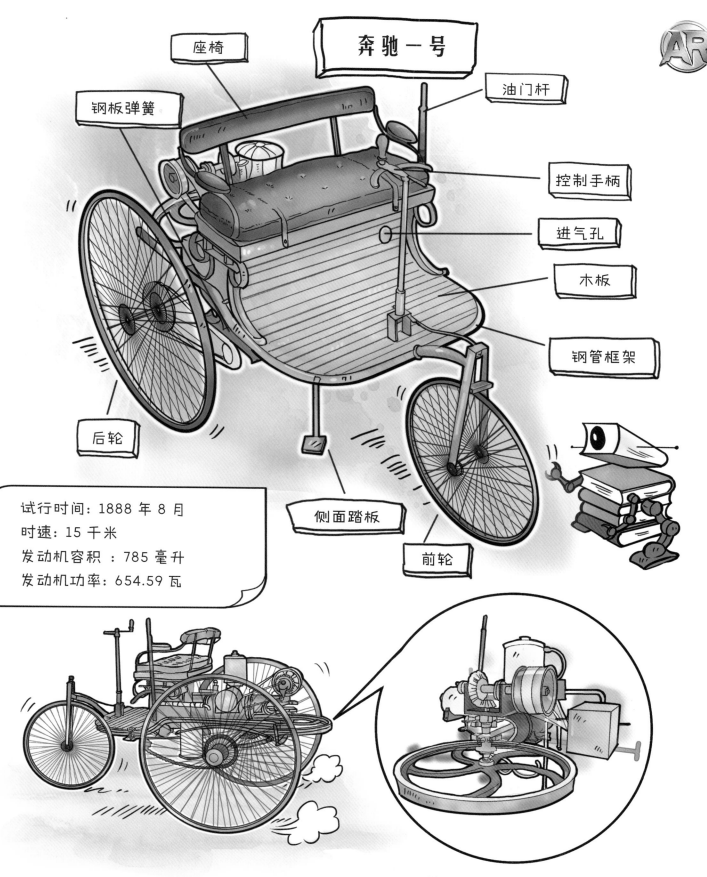

座椅

钢板弹簧

奔驰一号

油门杆

控制手柄

进气孔

木板

钢管框架

后轮

试行时间：1888 年 8 月

时速：15 千米

发动机容积 ：785 毫升

发动机功率：654.59 瓦

侧面踏板

前轮

单缸二冲程汽油发动机

⑨ 轮船

轮船是现代社会中一种重要的交通工具。它使人类在海洋上行驶得更远，也使水上运输发生了革命性的变化。

罗伯特·富尔顿发明并制造了世界上第一艘蒸汽机轮船"克莱蒙特号"，它是近代造船史上第一艘真正的汽船。"克莱蒙特号"的发明标志着帆船时代的结束，汽船时代的开始。

罗伯特·富尔顿

罗伯特·富尔顿（1765 — 1815）：美国工程师、发明家，是"轮船之父"。他一生最重要的科学成就是研究并创制了蒸汽机轮船。

"克莱蒙特号"轮船以铁为新型造船材料，以蒸汽机为新的动力，以螺旋桨为新的推进系统，开创了造船史上的新时代。

你想不想看看"克莱蒙特号"轮船开动起来是什么样子的？赶紧拿起电子设备扫描右侧页面，你马上就能看到。

试航时间：1807 年 8 月 17 日
船长：45.72 米
船宽：4 米

克莱蒙特号

⑩ 飞机

飞机是一种在大气层内飞行的飞行器。作为 20 世纪人类最重要的成就之一，它深刻地影响了人们的生活。

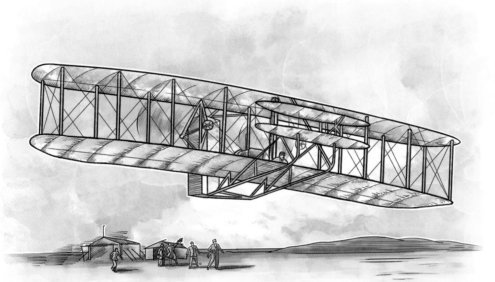

1903 年莱特兄弟研制的"飞行者一号"试飞成功。这是人类历史上第一架能够自由飞行，且完全可以操纵的动力飞机。它为人类征服天空揭开了新的一页，也标志着飞机时代的来临。

莱特兄弟：指的是哥哥威尔伯·莱特（1867 — 1912）和弟弟奥维尔·莱特（1871 — 1948），美国发明家、飞机发明者。

威尔伯·莱特　　奥维尔·莱特

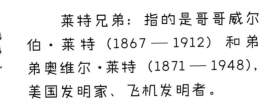

"飞行者一号"是一架普通双翼机。它的两个推进式螺旋桨分别安装在驾驶员位置两侧，由一台发动机进行链式传动。前面有两个升降舵，后面有两个方向舵。

你想不想看看"飞行者一号"是什么样子？赶紧拿起电子设备扫描右侧页面，你马上就能看到。

22

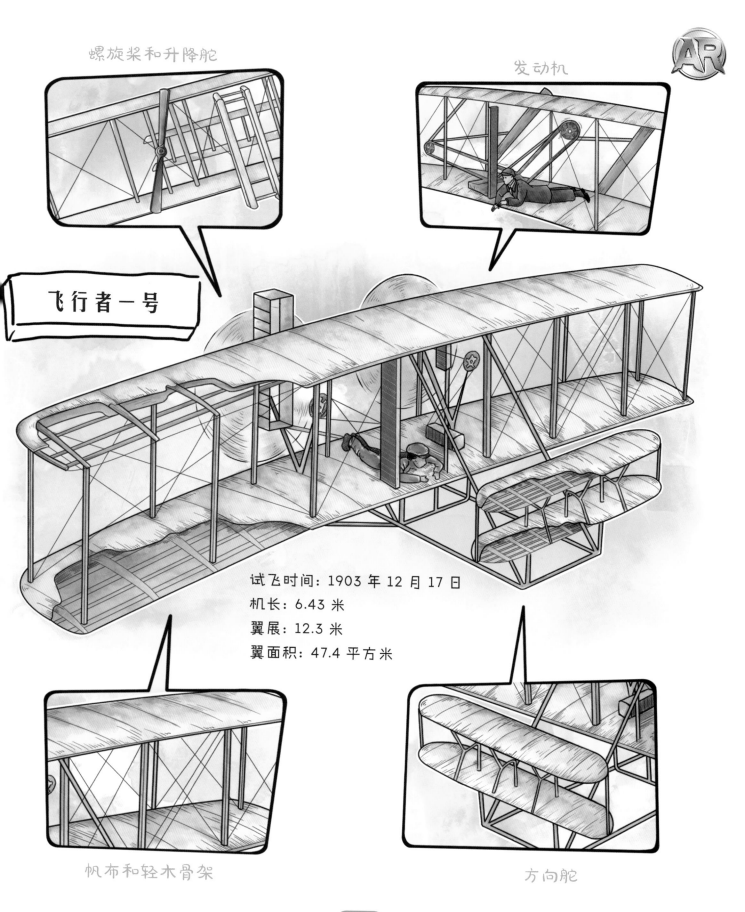

螺旋桨和升降舵

发动机

飞行者一号

试飞时间：1903 年 12 月 17 日
机长：6.43 米
翼展：12.3 米
翼面积：47.4 平方米

帆布和轻木骨架

方向舵

⑪ 动手实验： 鸡蛋蒸汽船

小朋友们都见过轮船吧？想不想亲手制造一艘船呢？赶快准备下面的材料，亲手打造一艘"鸡蛋蒸汽船"吧！

实验所需材料：

鸡蛋　　小锥子　　水　　透明胶带　　小蜡烛

薄木板　　四根钉子　　水盆　　打火机

实验原理：

　　用蜡烛加热鸡蛋壳里的水。水沸腾后产生蒸汽。蒸汽从鸡蛋壳上的小孔喷出，推动着鸡蛋壳和木板向前运动。

温馨提示：

　　做实验的时候要耐心一点儿，要等待几分钟，才能看到"鸡蛋船"起航。小朋友要远离蒸汽，并且在大人的陪同下才可以进行实验哟！

你想不想看看这艘"船"是怎样做出来的？赶紧拿起电子设备扫描右侧页面，马上就能看到具体的实验步骤。

实验原理：

1. 用小锥子在鸡蛋的一端钻一个小孔，另一端钻一个略大一点儿的小孔。然后对着较小的小孔向鸡蛋里吹气，让蛋黄和蛋清从另一端的小孔流出来。

后面的孔大一点儿！

2. 用小块透明胶带封住鸡蛋的一个小孔。

鸡蛋啊！

3. 拿出薄木板，在上面钉 4 根钉子，在钉子围起来的空间放上小蜡烛，把鸡蛋壳架在 4 个钉子上。这就是"鸡蛋船"。

4. 往鸡蛋壳里注入少量水，点燃小蜡烛。

我要登场了！

5. 往水盆里装适量的水，小心地将"鸡蛋船"放在水面上，然后耐心等待"鸡蛋船"起航吧！

⑫ 发电机

发电机是一种可以发电的机械设备。它在工农业生产、国防及日常生活中，都有着广泛的用途。

1831 年，英国科学家迈克尔·法拉第发明了世界上第一台发电机——法拉第圆盘发电机。发电机的发明使人类大规模用电成为可能，开辟了人类的电气化时代。

迈克尔·法拉第（1791 — 1867）：英国物理学家、化学家、发明家、电磁学家，因为他在电磁学方面的伟大的贡献，被称为"电学之父"。

迈克尔·法拉第

法拉第圆盘发电机的紫铜圆盘放在蹄形磁铁形成的磁场中，圆心处安装一个摇柄，圆盘的边缘和圆心处各有一个黄铜电刷，电刷与电流表相连。转动摇柄后，产生电流。

噗！

你想看看法拉第圆盘发电机是怎么发电的吗？赶快拿起电子设备扫描右侧页面，你就能看到了。

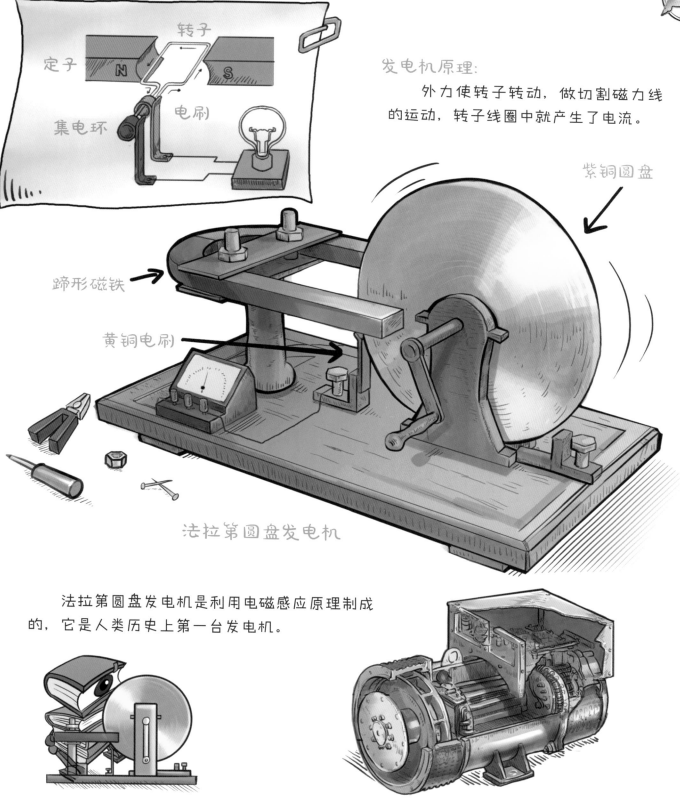

定子　转子

N　S

集电环　电刷

发电机原理:
　　外力使转子转动，做切割磁力线的运动，转子线圈中就产生了电流。

紫铜圆盘

蹄形磁铁

黄铜电刷

法拉第圆盘发电机

法拉第圆盘发电机是利用电磁感应原理制成的，它是人类历史上第一台发电机。

现代社会使用的发电机比法拉第圆盘发电机复杂很多，发电机取代了笨重的蒸汽机，极大地提高了生产效率，方便了人们的生活。

13 电灯

电灯把电能转化为光能，在黑夜和暗室中为人类照明。电灯的发明，大大推动了人类的进步与发展。

19世纪初，汉弗莱·戴维曾发明出一种电弧灯，但不实用。爱迪生经过长期的试验，终于发明了世界上第一盏有实用价值的电灯。电灯的发明，把人们彻底从黑夜的限制中解放出来了。

真亮啊！

托马斯·阿尔瓦·爱迪生

爱迪生在发明电灯的时候，把一小截耐热的材料装在玻璃泡里，然后将玻璃泡安装在灯座上。打开电源，耐热材料被加热到白炽化时，便因热而发光。

成功了！

托马斯·阿尔瓦·爱迪生（1847—1931）：美国发明家。他一生有1000多项发明专利，被誉为"世界发明大王"。

你想知道使用不同的灯丝，电灯的发光时间是否有变化吗？赶快拿起电子设备扫描右侧页面，你马上就能看到了。

爱迪生在发明电灯的时候，试验了1600多种材料，包括炭丝、白金、头发丝、棉丝、竹丝、钨丝等，最后发现钨丝发光的时间最长。

14 电话

电话是一种可以传送与接收声音的远程通信设备。它实现了人们想要冲破空间阻隔而互通信息的愿望。

你好！

1876 年，贝尔发明了电话，成为第一个获得电话专利的人。1892年，芝加哥的电话线路开通，贝尔成功进行了电话试音。电话的发明方便了人类的社会生活，人与人之间的交流变得更为快捷。

亚历山大·贝尔（1847 — 1922）：美国著名发明家和企业家，被称为"电话之父"，也是贝尔电话公司的创建者。

亚历山大·贝尔

欢迎使用我的发明。

人对着电话话筒讲话时，膜片会发生振动，将信息转化成声频电信号；接收时，声频电信号使膜片振动，产生变化的声波，由此实现声音的传送。

你想听听贝尔的声音吗？那就拿起电子设备扫描右侧页面吧。电话听筒里传出来的就是"电话之父"的声音哟!

贝尔的电话机分为送话器和受话器两部分。送话器上面盖有一块金属膜片，膜片下面是装有导电粒子的金属盒。受话器内部也有一块金属膜片，安置在一块马蹄形电磁铁上。

⑮ 电报机

电报是人类最早使用电来传送信息的通信方式。它大大加快了信息的流通速度，是工业社会中一项重要的发明。

1835 年，美国的莫尔斯成功研制了第一台传递电码的装置，命名为"电报机"。莫尔斯用电流的"通""断"和"长短"来代替文字传送信息，这就是莫尔斯电码。

塞缪尔·莫尔斯（1791 — 1872）：美国画家、发明家。他研制了世界上第一台电报机，并发明了莫尔斯电码。

电报机分为发报机和收报机。发报机发报时，先把字母版排列起来，然后让字母版触动开关，发出信号。收报机收到信号后，会在移动的红带上画出波状的线条，再经译码翻译成电文。

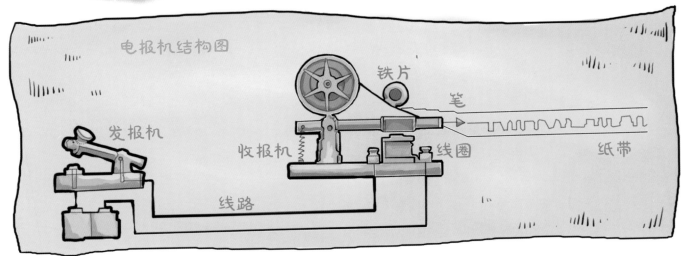

电报机结构图

铁片

笔

发报机

收报机

线圈

纸带

线路

你想发电报吗？想知道电报怎么发送吗？拿起电子设备扫描右侧页面，亲手发一份电报吧。

莫尔斯电码是一种时通时断的信号代码，通过不同的排列顺序来表达不同的英文字母、数字和标点符号。"—"表示长按，"·"表示短按。

SOS 的莫尔斯电码是："…———…"即三个短按，三个长按，然后再三个短按。这在电报中是发报方最容易发出的，也是接报方最容易辨识的电码。国际无线电报公约组织于1908 年正式将"SOS"确定为国际通用海难求救信号。

16 显微镜

显微镜的发明和使用已有 300 多年的历史。它打开了人类观察微观世界的大门，把一个全新的世界展现在人类的视野里。

这是最古老的显微镜哟!

1590 年，荷兰眼镜制造商詹森父子把两个透镜分别装在一大一小两个铁筒里，通过调整透镜之间的距离观察物体。这个装置就是显微镜的雏形。1665 年，列文虎克自己磨制了一个透镜，并将透镜用于科学研究实验，首次发现了微生物。

列文虎克的第一台显微镜是把一块直径 3 毫米的小透镜镶在架子上，透镜下方装有一块带小孔的铜板。光线穿过小孔射进来，经透镜可反射出所观察的东西。

安东尼·列文虎克

安东尼·列文虎克（1632 — 1723）：荷兰显微镜学家、微生物学的开拓者。他磨制的透镜的放大倍数远远超过同时代人的发明。

你见过神奇的微生物吗？赶紧拿起电子设备扫描右侧页面，看看显微镜下的微生物是什么样子的吧！

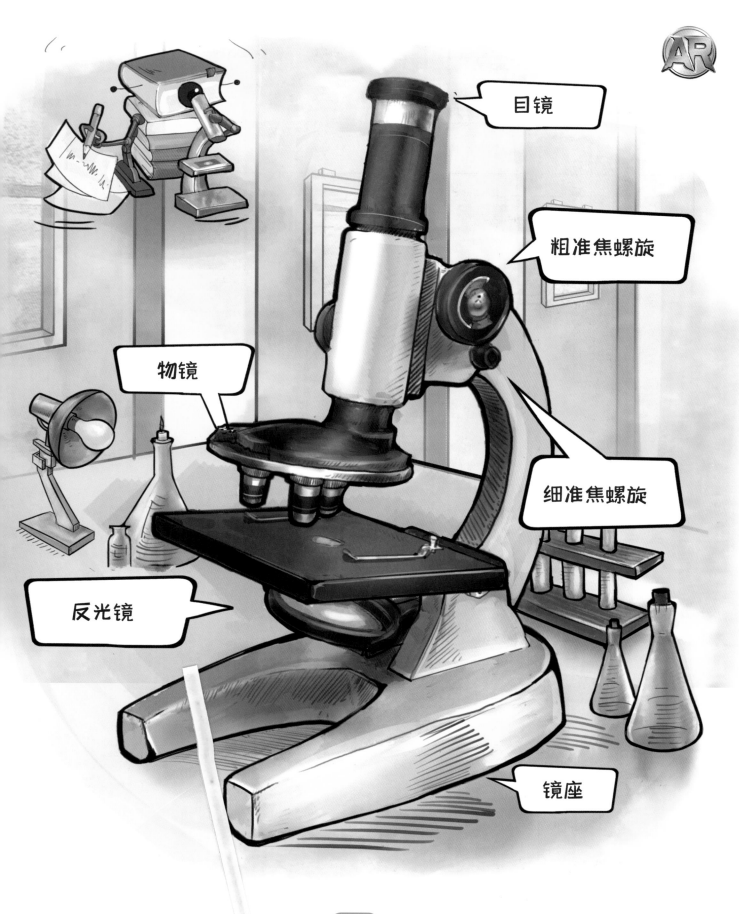

⑰ 天文望远镜

　　天文望远镜是观测天体的重要工具。可以毫不夸张地说，没有天文望远镜的诞生和发展，就没有现代天文学。

太美了！

　　1609 年，伽利略自制了一架望远镜，并首次将镜头对准月球进行科学观测。他成为有史以来使用望远镜观察天空的第一人，这架望远镜也开创了天文学的一个新时代。

伽利略·伽利雷（1564 — 1642）：意大利数学家、物理学家、天文学家，是近代实验科学的奠基人之一。

伽利略·伽利雷

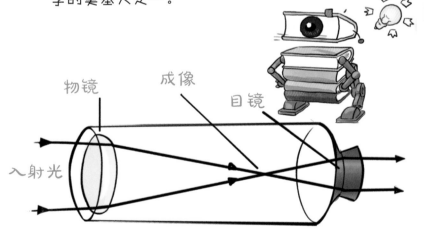

物镜　　　成像　　　目镜

入射光

　　伽利略制作的第一架望远镜是折射望远镜，放大倍数为 32 倍。其结构简单，在管子两端放置两个透镜，一个凹透镜（目镜）和一个凸透镜（物镜）。

　　你想数数璀璨星空中到底有多少颗星星吗？赶紧拿起电子设备扫描右侧页面吧，你马上就能看到！

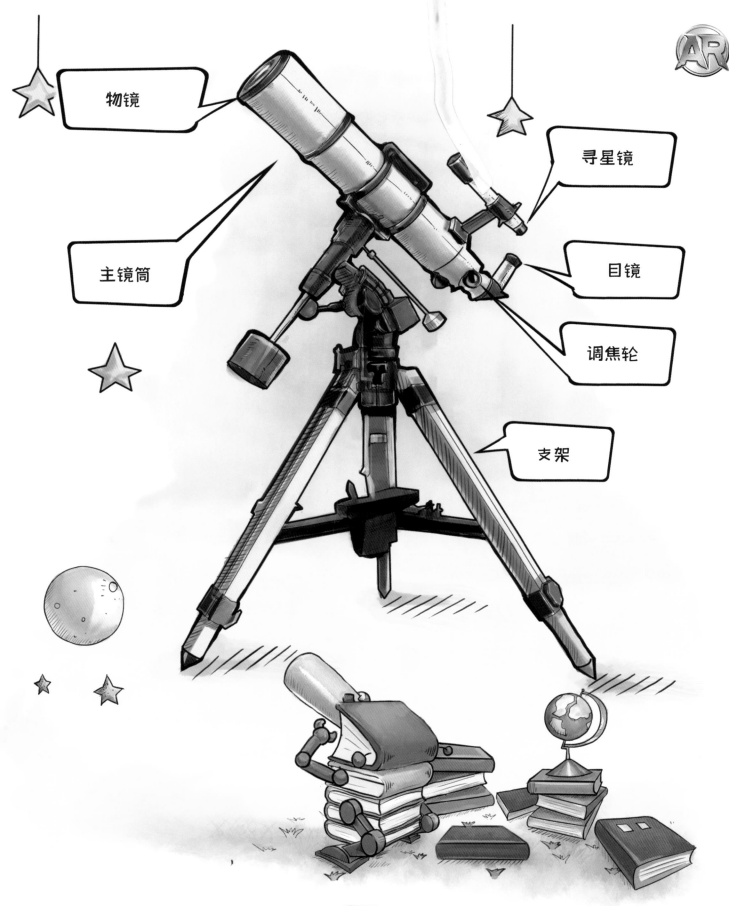

18 核武器

核武器是利用核裂变或核聚变反应释放的能量产生爆炸，并具有大规模杀伤效应的武器的总称。

"二战"后期，美国曾使用核武器，伤及大量无辜平民。爱因斯坦对此感到痛心，他说："当初致信罗斯福提议研制核武器，是我一生中最大的错误和遗憾。"

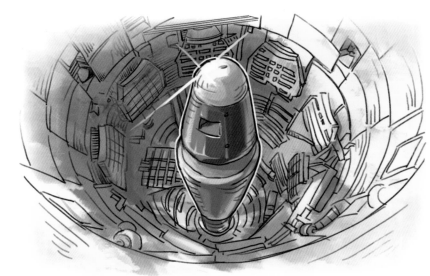

阿尔伯特·爱因斯坦

1945年，美军在日本广岛和长崎各投下一枚原子弹，代号分别为"小男孩"和"胖子"，两座城市瞬间化为废墟。因原子弹爆炸而伤亡的人数有几十万。

阿尔伯特·爱因斯坦 (1879 — 1955)：美国籍犹太裔物理学家，他提出质能方程式 $E=mc^2$，为核能开发奠定了理论基础。

你想看看中国原子弹爆炸的壮观景象吗？赶紧拿起电子设备扫描右侧页面，你马上就能看到。

继美国、苏联、英国、法国之后，中国成为世界上第五个拥有核武器的国家。

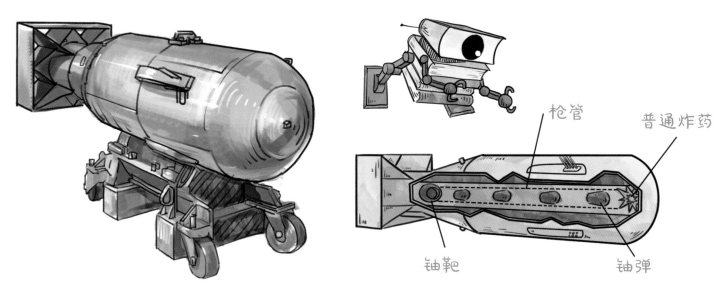

枪管

普通炸药

铀靶

铀弹

代号为"小男孩"的原子弹在日本广岛爆炸，成为首次用于实战的原子弹。

⑲ 核电站

核电站是利用核裂变所释放的能量来发电的发电厂。核电站最重要的设备是核反应堆。

奥布宁斯克核电站

苏联的奥布宁斯克核电站是世界上第一座核电站，于1954年建成，安全运行了48年后关闭。现在，它变身为俄罗斯的一座科技馆。它的建立，是人类和平利用原子能的成功典范。

核电站也可能造成巨大的灾害。人类历史上重大的核事故曾发生在苏联的切尔诺贝利核电站和日本的福岛核电站。

100万年！

核能是目前人类发现的最高效的能源。一根树枝只能燃烧几分钟，但是，如果把这根树枝所含有的原子用核裂变的方式转化成能量，就可以使一盏100瓦的电灯亮100万年。

你想知道核电站是怎样发电的吗？赶紧拿起电子设备扫描右侧页面，你马上就能知道答案。

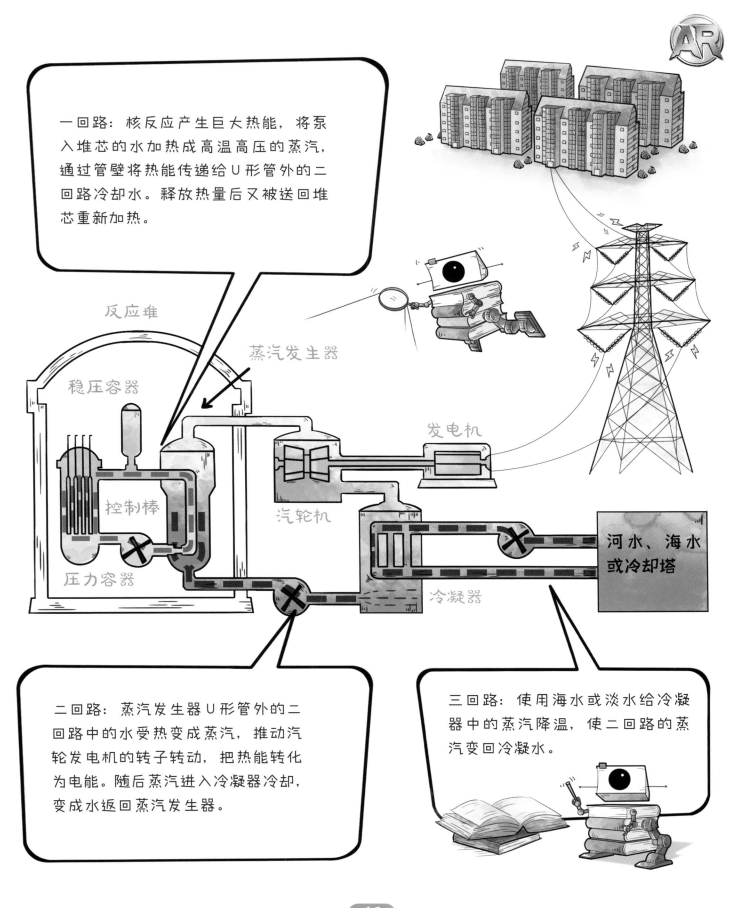

一回路：核反应产生巨大热能，将泵入堆芯的水加热成高温高压的蒸汽，通过管壁将热能传递给U形管外的二回路冷却水。释放热量后又被送回堆芯重新加热。

反应堆

稳压容器

蒸汽发生器

发电机

控制棒

汽轮机

压力容器

冷凝器

河水、海水或冷却塔

二回路：蒸汽发生器U形管外的二回路中的水受热变成蒸汽，推动汽轮发电机的转子转动，把热能转化为电能。随后蒸汽进入冷凝器冷却，变成水返回蒸汽发生器。

三回路：使用海水或淡水给冷凝器中的蒸汽降温，使二回路的蒸汽变回冷凝水。

⑳ 机器人

　　机器人是自动执行工作的机械装置，既可接受人类指挥，也可运行预先编排的程序。它的任务是协助人类工作。

　　1959 年，恩格尔伯格发明了世界上第一台真正意义上的机器人。这台机器人虽然只会简单的机械动作，却开创了一个新的时代，恩格尔伯格为创建机器人工业做出了杰出的贡献。

约瑟夫·恩格尔伯格

我是约瑟夫！

约瑟夫·恩格尔伯格 (1925 — 2015)：美国人，被称为"机器人之父"，创立了全球第一家工业机器人制造公司。

　　第一台机器人的模样像一个坦克的炮塔。基座上有一个机械臂，它可以绕着轴在基座上旋转。臂上还有一个小一些的机械臂，可以"张开"和"握拳"。

谢谢！

请享用！

　　你想不想欣赏一下机器人优美的舞姿？赶紧拿起电子设备扫描右侧页面，你马上就能欣赏了。

工业机器人

机器狗

扫地机器人

安防机器人

如今机器人已经应用在各个领域了。终有一天，机器人将会成为人们的得力助手和朋友。

21 互联网

互联网是一个能让人们相互交流、相互参与的互动平台。它的出现是工业化社会向信息化社会转变的重要标志。

互联网被人们称为"信息高速公路"，它掀起了人类通信技术的一次革命。互联网诞生之后，人们可以随时随地交流，不再受空间限制。互联网给人们的工作、生活和娱乐带来了极大的方便。

蒂姆·伯纳斯·李（1955— ）：英国著名的计算机科学家，"万维网"的发明者，被誉为"互联网之父"。

你好！

蒂姆·伯纳斯·李

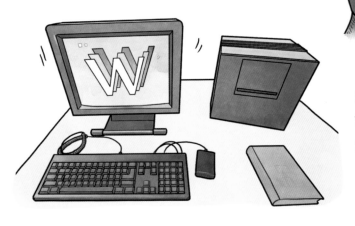

早期互联网操作复杂，只有专家才能使用。万维网的出现让人们只需打开浏览器便可搜索到想要的信息。因为便捷，万维网成为人类历史上使用最广泛的传播媒介。

你想清楚地了解互联网吗？赶紧拿起电子设备扫描右侧页面，你马上就能知道答案。

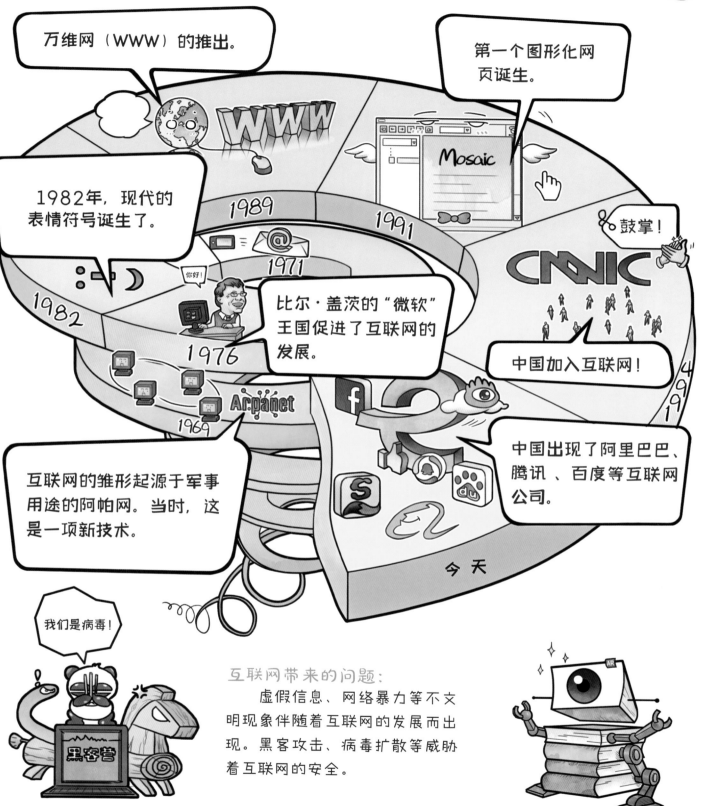

探索专家艾布克的飞船成功着陆！图书馆里增加了好多有趣的内容！在这次旅程中，我们探索了人类的好多重要发明，你还记得吗？一起回忆一下吧！

伟大发明	发明时间 （改良时间）	发明人 （改良人）	国家
造纸术	东汉	蔡伦（改良人）	中国
印刷术	北宋	毕昇（改良人）	中国
指南针	战国	不详	中国
火药	唐朝	不详	中国
蒸汽机	1769年	瓦特（改良人）	英国
内燃机	1876年	奥托	德国
汽车	1885年	本茨	德国
轮船	1807年	富尔顿	美国
飞机	1903年	莱特兄弟	美国
发电机	1831年	法拉第	英国
电灯	1879年	爱迪生（改良人）	美国
电话	1876年	贝尔	美国
电报机	1835年	莫尔斯	美国
显微镜	1665年	列文虎克	荷兰
天文望远镜	1609年	伽利略	意大利
核武器	1945年	略	美国
核电站	1954年	略	苏联
机器人	1959年	恩格尔伯格	美国
互联网	1969年	略	美国

拿起电子设备扫描右侧页面，你就会看到这些发明的立体结构哟！相信我，你的印象会更加深刻！

来回顾一下我们看到的伟大发明都有哪些吧！

23 艾布克的科学宝箱

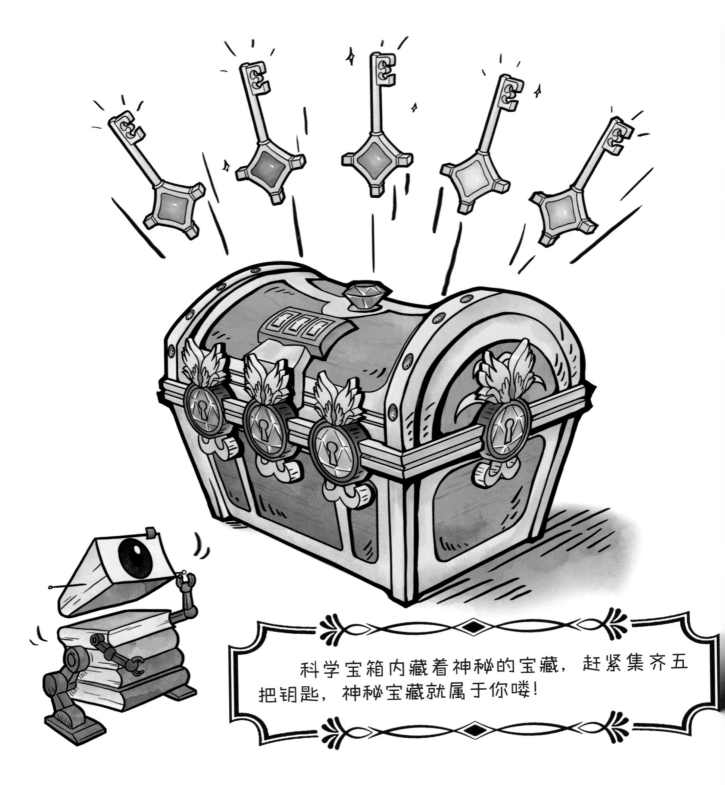

科学宝箱内藏着神秘的宝藏，赶紧集齐五把钥匙，神秘宝藏就属于你喽！

艾布克AR科学馆

《探索恐龙王国》《探索昆虫世界》《探索狂野动物》《探索海洋动物》

《探索武器奥秘》《探索航天科技》《探索奇趣地球》《探索太阳系》

《探索人类的伟大奇迹》《探索人类的伟大发明》

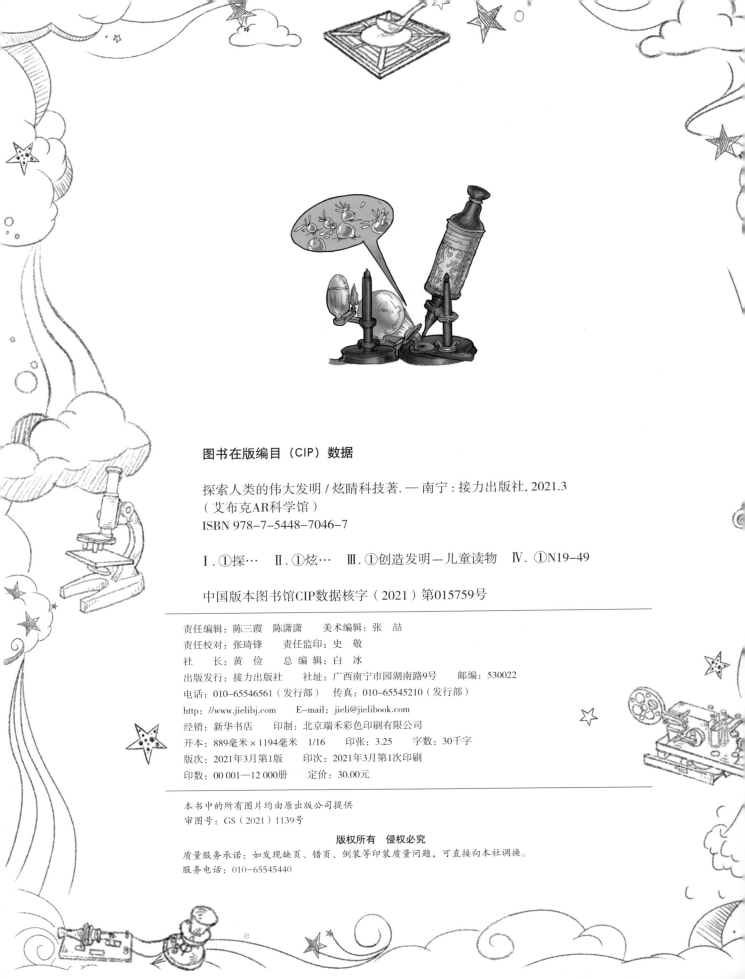

图书在版编目（CIP）数据

探索人类的伟大发明 / 炫睛科技著. — 南宁：接力出版社，2021.3
（艾布克AR科学馆）
ISBN 978-7-5448-7046-7

Ⅰ．①探… Ⅱ．①炫… Ⅲ．①创造发明—儿童读物 Ⅳ．①N19-49

中国版本图书馆CIP数据核字（2021）第015759号

责任编辑：陈三霞　陈潇潇　　美术编辑：张　喆
责任校对：张琦锋　责任监印：史　敬
社　　长：黄　俭　总　编　辑：白　冰
出版发行　接力出版社　　社址：广西南宁市园湖南路9号　　邮编：530022
电话：010–65546561（发行部）　传真：010–65545210（发行部）
http：//www.jielibj.com　　E-mail：jieli@jielibook.com
经销　新华书店　　印制　北京瑞禾彩色印刷有限公司
开本：889毫米×1194毫米　1/16　　印张：3.25　字数：30千字
版次：2021年3月第1版　　印次：2021年3月第1次印刷
印数：00 001—12 000册　　定价：30.00元

本书中的所有图片均由原出版公司提供
审图号：GS（2021）1139号